Robert Paul Kasper

ETHIK, WERTE, KULTUR UND UNTERNEHMENSERFOLG

ARGUMENTE FÜR EIN TUGEND-ÜBUNGSSYSTEM

IMPRESSUM

Bibliografische Informationen der Deutschen Nationalbibliothek
Die Deutsche Nationalbibliothek verzeichnet diese Publikation in der deutschen Nationalbibliographie; detaillierte bibliografische Daten sind im Internet über http://dnb.d-nb.de abrufbar.

2. Auflage 2018

Herausgeber: Robert Kasper, ABAEUS-Verlag
Grafik und Satz: Frank Georgy, kopfsprung.de
Korrektorat: Gunnar Römer, Wolken
Fotos: istockphoto, Roland Baege (Portraits R. Kasper)
Produktion: Abaeus Verlag, Köln

Gedruckt auf alterungsbeständigem Papier (säurefrei)
Printed in Germany

Abaeus Verlag für Sozialwissenschaften und Führung
Uferstraße 16
50996 Köln

Tel.: +49 2236 9696451

www.abaeus.de

ISBN 978-3-947124-06-0

ROBERT KASPER

ETHIK, WERTE, KULTUR UND UNTERNEHMENSERFOLG

Argumente für ein Tugend-Übungssystem

REIHE HUMANISTISCHE BETRIEBSWIRTSCHAFT BAND III

ABAEUS

INHALT

EINLEITUNG

Erich Kästner wird der Satz „Es gibt nichts Gutes, außer man tut es" zugeschrieben; eine Aussage, die sich so auch auf die Situation in der Unternehmensführung anwenden lässt:
Denn in diesem Zusammenhang besteht die Herausforderung sowohl darin, zu fragen, wie sich das Gute durch das eigene Handeln herbeiführen lässt als auch zu fragen, was das Gute als solches ist. Die Beantwortung dieser Fragen ist die wesentliche Aufgabe der Führung und als solche von der Unternehmensführung selbst zu erledigen. Die sich daraus ergebenden Definitionen sind das, was man gemeinhin die Instrumente der Unternehmensführung nennt. Aus diesem Grund können Werte nicht importiert werden. Die Unternehmensführung hat sie selbst zu entwickeln.

Wertvorstellungen spielen in unserem Handeln und in unserem Denken stets eine Rolle. Sie beeinflussen, wie wir uns verhalten, welches Verhalten wir von anderen erwarten und was wir als gerecht empfinden. Wir können für uns und im Dialog mit der Umwelt erkennen, dass es Werte und Normen im Miteinander gibt. Diese Werte werden im Zuge der Sozialisation durch soziale Prozesse entwickelt und gefestigt. Es gab und gibt in der Geschichte der Menschheit viele unterschiedliche Theorien dazu, wie diese Werte in die Welt gekommen sind. So zum Beispiel von Gott, durch innere Erleuchtung, durch Meditation, durch zivilisatorische und soziale Prozesse (z. B. bei Norbert Elias' „Der Prozess der Zivilisation", Pierre Bordieus „Die feinen Unterschiede", Michael Schachts „Das Ziel ist im Weg") sowie über das kritische Nachdenken (Platon, Aristoteles, Thomas von Aquin, Kant und viele weitere). Wesentlich im Sinne dieses Artikels ist die Erkenntnis, dass es die Möglichkeit einer Verständigung über diese Werte, Ideen und Vorstellungen gibt. Wobei die Quelle in uns selbst zu finden ist, jedoch nicht selten außerhalb gesucht wird.[1]

Die klassische Betriebswirtschaftslehre blickt in erster Linie auf messbare Ergebnisse menschlichen Verhaltens und fasst diese in Kennzahlen zusammen. Neben dem Messen von materiellen Werten (z. B. Umsatz, ROI, Deckungsbeitrag), was eine zweckmäßige Praxis darstellt,

1 Das hierin mitangelegte Problem der Grenzziehung zwischen dem kognitiven Selbst und dem kognitiven Außen kann an dieser Stelle nicht verhandelt werden. Vgl. dazu u. a. Thomas Metzinger („Der Ego-Tunnel", 2009) und Thomas Nagel („What is it like to be a bat?", 1974).

wird auch versucht, Immaterielles messbar zu machen (z. B. Arbeitsklima, Beliebtheit des Arbeitgebers etc.). Dadurch wird der immaterielle Wert in eine verfälschte, eigentlich untaugliche Messgröße überführt und so eine falsche Orientierungsgröße geschaffen. Das richtige Verfahren wäre es, die Frage zu stellen „Was will ich erreichen?" und „Ist meine Führung dafür geeignet?" Dadurch gelangt man zur geeigneten Überprüfungsform und kann die Unternehmensführung entsprechend richtig beurteilen und das Verhalten anpassen. Nicht jedes Führungsverhalten, das externe Forscher oder Mitarbeiter gut finden, ist notwendigerweise ein für das Unternehmen geeignetes, gutes Modell. So wie auch nicht der beliebteste Lehrer oder Kollege unbedingt der Beste für die jeweilige Sache ist.

„DAS GUTE AN SICH
GIBT ES IN DER FÜHRUNG
SO LANGE NICHT,
BIS SIE ES SELBST FESTLEGEN.
ZUERST FÜR SICH UND
DANN MIT ANDEREN."

Das hier vorgestellte Prinzip ermöglicht es, die oben genannten Fragen zu bearbeiten. Es blickt darauf, was das (Führungs-)Verhalten entstehen lässt und orientiert sich daran als Bestimmungsgröße. Das Verhalten ist letztlich das Zusammenspiel von Ethik, Werten, Tugend, Moral und Normen sowie anderen kognitiven Einflussgrößen, die sich daraus ergeben (wie z. B. strategische Vorgaben und Ziele). Hiermit wird deutlich, dass neben der Ethik, den Tugenden, der Moral und den Werten auch noch andere Aspekte für das Verhalten richtungsweisend sind. Diese anderen Aspekte sind die Instrumente der Unternehmensführung, die beispielsweise direkt mit den Tugenden korrespondieren, die wiederum die Beantwortung der ethischen Fragen erfordern. Über diese Parameter lässt sich ein Unternehmen viel besser leiten als durch die direkte Einflussnahme. Diese Form der Führung ist eine intelligentere, feinere Art der Führung, die außerdem länger Bestand hat, weil sie so gelebte Praxis wird.

„DIE INTERNALISIERUNG VON WERTEN UND NORMEN ERFOLGT ÜBER SOZIALE PROZESSE."

Wertvorstellungen und ethische Konzepte erwerben und entwickeln wir im Laufe der Sozialisation innerhalb einer oder verschiedener Kulturen. Neben der Erstsozialisation bis zum Erwachsenenalter spielt hier auch die zweite Sozialisation im beruflichen Umfeld eine entscheidende Rolle. Diese fällt, je nach Art der Ausbildung, die Menschen durchlaufen haben, mit der Erstsozialisation zusammen oder nicht. Auch können die in der Erstsozialisation oder in der Ausbildung erworbenen Werte mit den Werten im aktuellen Unternehmen kollidieren. Die Sozialisation läuft in Phasen ab, die grob aufeinander aufbauen. Die Sozialisation lässt sich in drei Teilbereiche gliedern und bestimmt hierüber maßgeblich die Persönlichkeitsentwicklung. Diese Bereiche sind die kognitive Entwicklung, die sozioemotionale Entwicklung und, je nach Auffassung als deren Bestandteil oder getrennt betrachtet, die moralische oder ethische Entwicklung. Alle drei Teilbereiche werden wiederum in Stufen eingeteilt.[2] Unabhängig davon ist jeder Mensch von Geburt an ein eigenes Wesen mit seinen ihm eigenen Dispositionen.

Normen und Werte entstehen stets aus sozialen Prozessen. In der Führungstätigkeit finden Führungskräfte die besondere Möglichkeit vor, soziale Arbeitsprozesse zu gestalten. Über die Art diese Prozesse zu leiten können Normen und Werte entwickelt und deren Internalisierung so ermöglicht werden. Hier wird deutlich, dass die

2 Dies wird in einem kommenden Artikel näher erläutert, der sich mit dem Thema Kompetenzen beschäftigt.

> „ETHIK IST
> SOWOHL BEGRÜNDUNG ALS AUCH
> ORIENTIERUNG
> FÜR WERTE, MORAL, NORMEN
> UND TUGENDEN,
> IST ABER NICHT MIT DIESEN
> GLEICHZUSETZEN."

auf eine reine Vorbildfunktion reduzierte Führung nicht ausreicht. Die notwendige Internalisierung von Werten und Normen, die die Voraussetzung für selbstverantwortliche Mitarbeiter und Vorgesetzte ist, kann durch reines Nachahmen oder die bloße Orientierung am Vorbild nicht erreicht werden. Das Vorleben kann sogar das genaue Gegenteil bewirken. Die Art und Weise, wie Führungskräfte zu Normen und Werten kommen, lässt einen Rückschluss darauf zu, welches Menschenbild bei diesen vorliegt. Ein „Wertedrill" etwa wird schwerlich einen aufgeklärten, reflektierten Menschen als Grundlage haben.[3] Werden Werte nicht bewusst festgelegt, kommt es zur Willkürführung, in der sozusagen jedes Verhalten im Nachhinein gerechtfertigt werden kann. Hierbei ent-

3 Vgl. dazu Kasper: Das Menschenbild in der Unternehmensführung, 2017.

steht in der Regel beim Geführten und beim Führenden ein Gefühl des Ausgeliefertseins. Somit sind nicht nur die Werte selbst in einem Unternehmen, sondern auch die Art und Weise, wie die Führung bei der Vermittlung und der Erarbeitung von Werten vorgeht, von Interesse. Einerseits sind die Werte und der Prozess diagnostische Kriterien für die Beschreibung der Art der Unternehmensführung, andererseits sind sie zugleich auch Führungsgleiche Instrumente. Was wiederum die Grundthese aufzeigt, dass Führung stets von einer doppelten Natur ist.[4] Anders gesagt: Ich kann quasi von einem Menschen nur das erwarten, was ich auch in meinem Verständnis vom Menschen an sich überhaupt erwarten kann. Somit ist das Menschenbild von entscheidender Bedeutung für die Unternehmensführung und damit das Wertemanagement.

Unabhängig davon, welche Art des Wertemanagements in einem Unternehmen angewendet wird, kann kein Wertemanagement greifen, wenn die Verantwortlichen sich nicht mit ihrem eigenen Menschenbild vorab professionell auseinandergesetzt haben.[5]

4 Vgl. dazu Kasper: Die Führungs-Due-Diligence, 2017.

5 Vgl. dazu Kasper (1984) Implementierung alternativer Organisationsformen am Beispiel Hephata, S. 65 ff

DIE KARDINALTUGENDEN IN DER UNTERNEHMENSFÜHRUNG

Wer sowohl die aktuellen Erkenntnisse aus den Wirtschaftswissenschaften im Bereich der Unternehmensführung als auch die gängigen Praktiken der Unternehmensführung erfolgreich anwenden möchte und eine praktikable Form des Wertemanagements etablieren will, der sollte die Kardinaltugenden zur Anwendung bringen.[6]

Die Tugenden dienen als Grundorientierung und korrespondieren direkt mit den aktuellen wissenschaftlichen Erkenntnissen, die sich in der Unternehmensführung präsentieren. Die Kardinaltugenden stehen als

6 Ausführungen zu den Kardinaltugenden finden sich u. a. in Platons Politeia, Aristoteles die Nikomachische Ethik oder in Thomas von Aquins Schriften zur Morallehre. Eine empfehlenswerte Zusammenfassung und Weiterentwicklung lieferte in jüngerer Zeit Josef Pieper in seinem Werk Über die Tugenden (2004).

nicht mehr reduzierbare Anforderungen an ethisches Verhalten auf der einen Seite. Auf der anderen Seite stehen die exakt dazu passenden aktuellen Erkenntnisse der Unternehmensführung. Durch meine Arbeit wird sozusagen eine Brücke zwischen diesen nicht mehr reduzierbaren Anforderungen und zweieinhalbtausend Jahren menschlichen Erkenntnisgewinns direkt geschlagen. Somit werden die Kardinaltugenden erstmalig für die moderne Unternehmensführung nutzbar. Die Tugenden verbinden so direkt und punktgenau die heuti-

> **„DIE TUGENDEN LASSEN SICH MIT DEN ERFORDERNISSEN DER AKTUELLEN UNTERNEHMENSFÜHRUNG UND DEM STAND DER WISSENSCHAFT DIREKT VERBINDEN UND GEBEN SOMIT EINE HANDHABBARE BASIS FÜR DIE UNTERNEHMENSFÜHRUNG."**

gen Anforderungen. Damit ist der Widerspruch zwischen ethischem und tugendhaftem Verhalten und erfolgreicher marktwirtschaftlicher Unternehmensführung nicht nur aufgelöst, sondern auf einer höheren Ebene für die Unternehmensführung nutzbar gemacht. Somit gibt es, vom heutigen Tage an, für keine Führungskraft in einer offenen Gesellschaft eine Entscheidung mehr darüber, ob ethisch oder wirtschaftlich gehandelt werden soll. „Ausreden" für nicht ethisches Verhalten sind damit nicht länger zulässig. Es gilt *ignorantia legis non excusat.*

Die Tugenden sind ab heute die Säulen, auf denen eine gute Unternehmensführung basiert. Zwischen den Säulen und der Ausprägung in der heutigen Welt steht der gesamte Verlauf der Geschichte europäischen Denkens. Damit die Tugenden beim Aufbau eines Wertemanagements hilfreich und tätig wirkungsvoll sein können, sind ihre Äquivalente in den Führungsgleichen Instrumenten zu identifizieren und anzuwenden. Dies gilt sowohl für die Haupt- oder Kardinaltugenden (Klugheit, Gerechtigkeit, Tapferkeit und Maß) als auch für die jeweiligen Untertugenden (wie z. B. die „Memoria"). Die Kardinaltugenden haben den Vorteil, dass sie eine Pragmatik in Form eines Übungssystems zur Verfügung stellen. Dies entspricht den Forderungen an ein effektives und handlungsorientiertes Management. Der wesentliche Mehrwert, der durch meine Tätigkeit in Organisationen eingebracht wird, liegt im Verfügbarmachen der in den Grundtugenden angelegten Erkenntnisse und Prinzipien. Als Vermittler und Wegweiser stelle ich diese Verbindung in der Unternehmensführung her und erzeuge so nachhaltig besseres, erfolgreiches Führungsverhalten. Diese Verbindung ist in meiner Methode einzigartig und stellt ein Verfahren dar, das so weder an Hochschulen noch in der Unternehmensberaterbranche sonst praktiziert wird und auch nicht praktiziert werden kann. Dieses Verfahren ist geschützt und wird aktuell auch nur von mir und der ABAEUS GmbH angewandt und gelehrt.

In diesem Artikel wird gezeigt, dass Ethik (und damit Unternehmensethik), analog zu vielen anderen Aspekten menschlichen Seins, regelmäßige Anwendung und Übung erfordert. Aus diesem Gedanken heraus wird ein Ethik-System vorgestellt, das von mir über Jahrzehnte hinweg erfolgreich in Organisationen unterschiedlichster Größe und Beschaffenheit etabliert wurde. Der Leitgedanke ist also, dass ein Unternehmen im betriebswirtschaftlichen Sinne erfolgreich ist, wenn es sich konsequent ethisch verhält. Unternehmen, die Ethik und Unternehmensführung gekonnt miteinander verbinden, sind erfolgreich.

Im Zuge dieses Artikels wird auf das auf Platon, Aristoteles, Thomas von Aquin und, in Teilen, auf Pieper[7] zurückgehende Konzept der Grundtugenden eingegangen, welches als Grundlage für das Verständnis und die Beschreibung von tugendhaftem Verhalten in der menschlichen Geistesgeschichte verstanden werden kann. Der eigentlichen Vorstellung wird ein kurzer Exkurs voran-

7 Vgl. Josef Pieper: Über die Tugenden. München, Kösel 2004.

gestellt, in dem kursorisch erläutert werden soll, woraus sich der Begriff und aus ihm die Idee der Ethik herleiten. Deshalb werden zuerst die Begriffe Werte, Ethik, Tugend, Moral und Normen im Folgenden erläutert.

„AUF DER BASIS DER ABENDLÄNDISCHEN GEISTESGESCHICHTE GEBEN SIE STABILE ORIENTIERUNG. DIES VEREINFACHT VERÄNDERUNGSPROZESSE, SETZT KREATIVITÄT FREI, BEFLÜGELT DAS KOMPETENZMANAGEMENT, ERZEUGT SELBSTLERNENDE ORGANISATIONEN SOWIE ZUKÜNFTIGE TECHNOLOGIEN UND ARBEITSWELTEN."

EINE BEGRIFFSKLÄRUNG

WERTE, ETHIK, TUGEND, MORAL UND NORMEN

Diesen Begriffen gemeinsam ist, dass sie zwar mit einer gewissen Selbstverständlichkeit im allgemeinen Diskurs gebraucht werden, die ihnen zugeschriebene Bedeutung tatsächlich aber sehr ambivalent ist. Die Definitionen sind historisch gewachsen, vom jeweiligen Kulturkreis geprägt und daher vielfältig. Die Begriffe werden im jeweiligen Grundverständnis erläutert, um eine Abgrenzung der Begriffe voneinander zu ermöglichen. Dies ist für eine saubere Anwendung ausreichend. Wesentlich ist, dass es für diese Begrifflichkeiten keine Realdefinitionen gibt – vielmehr geht es darum, das je eigene Verständnis zu schärfen. Die Definitionen können nicht im Sinne einer Realdefinition, wie sie aus den Naturwissenschaften bekannt sind, angewandt werden. Für unser Vorhaben ist es wesentlich, dass es sich um

Definitionen in ihrer operationalisierten Form handelt. Die Begriffe sollen im Kontext einer Aufgabe Orientierung geben. Die Anforderung an die vorgelegten Definitionen ist es also, anwendbare Begriffe bereitzustellen, an denen Führungskräfte sich orientieren können, wenn sie ethische Unternehmensführung betreiben wollen.

WERTE

Dem Begriff der Werte oder Wertvorstellungen wird je nach Kontext eine andere Bedeutung zugesprochen. In den Geisteswissenschaften wird darunter, sehr allgemein gesprochen, alles das subsumiert, was als gute Eigenschaften, Qualitäten, Ideale oder Handlungsmuster verstanden wird. In den Wirtschaftswissenschaften wiederum wird unter einem Wert der materielle oder immaterielle Wert verstanden, der einer Sache oder einer Leistung zugeschrieben werden kann. Die betriebliche Wertschöpfung (wie das Erzielen eines Gewinns) ist eine messbare Orientierungsgröße im ökonomischen Handeln. Die betrieblichen Werte, wie Gewinn, Umsatz etc. sind messbare Orientierungsgrößen im ökonomischen Handeln.

Werte sind auf gesellschaftlicher und auf individueller Ebene zu finden. Sie können als ein Gebilde aus Idealen und Vorstellungen verstanden werden, das sich aus der Ethik und dem interindividuellen Diskurs ableitet. Werte beeinflussen das Handeln von Individuen und Gruppen, ohne dabei direkt normativen Charakter anzunehmen.

Werte sind also gesellschaftliche Grundregeln des Verhaltens, die allerdings noch nicht notwendigerweise in Normen übersetzt wurden. Dementsprechend werden Werte in den Gesetzen reflektiert, sind für sich aber keine Gesetze.

ETHIK

Als Teildisziplin der Geisteswissenschaften wird die Ethik auch als Moralphilosophie oder Sittenlehre bezeichnet. Im Kern beschäftigt sich die Ethik mit der Bewertung und den Voraussetzungen menschlichen Handelns. Sie stellt die Fragen danach in den Vordergrund, wie menschliches Handeln zustande kommt, was es soll und was es darf. Nach Immanuel Kant sind die drei we-

> „ETHIK IST SOWOHL BEGRÜNDUNG ALS AUCH ORIENTIERUNG FÜR WERTE, MORAL, NORMEN UND TUGENDEN, IST ABER NICHT MIT DIESEN GLEICHZUSETZEN."

sentlichen Fragen der Philosophie „Was kann ich wissen?", „Was soll ich tun?" und „Was darf ich hoffen?" Diese drei Fragen münden dann in die vierte, grundlegende Frage „Was ist der Mensch?" Kant zufolge ist die Frage zur Moralphilosophie dementsprechend „Was soll ich tun?"[8]

Unter den Definitionen aus dem 19. und 20. Jahrhundert ist insbesondere die Definition von Max Weber interessant, der zwischen Verantwortungsethik und Gesinnungsethik differenziert. Die Verantwortungsethik ist dabei orientiert an den (vorhersehbaren) Folgen des Handelns, während sich die Gesinnungsethik an der Zugehörigkeit und der sich daraus ergebenden Erfüllung von Pflichten gegenüber einer bestimmten Gruppe orientiert (z. B. Katholische Kirche, politische Parteien, Arbeitgeberverband, Gewerkschaft, Freimaurer etc.). Max Weber sieht hierin zwei grundsätzlich unvereinbare Maximen, die zwar nicht absolut gegenläufig sind, wohl aber sehr unterschiedliche Orientierungssysteme markieren und in einem Spannungsverhältnis stehen.[9] Was übrigens auch für Mitglieder solcher Parteien oder kirchlicher Organisationen schwierig ist, wenn ihr Verhalten in Richtung blinden Gehorsams tendiert. Selbst in Mafiaorganisationen gibt es eine Ethik, die im Zweifel auch über den individuellen Vorstellungen des jeweiligen Oberhauptes und seiner Verbündeten steht.

8 Vgl. Kant: Anthropologie in pragmatischer Hinsicht, erstes Buch, § 6, BA 27

9 Vgl. Max Weber: Politik als Beruf, in: Gesammelte Politische Schriften, hrsg. von J. Winckelmann, 5. Auflage Mohr Siebeck, Tübingen 1988, S. 551–552

Dieses Spannungsfeld stellt im 21. Jahrhundert weiterhin eine wesentliche Fragestellung in der Ethik dar und ist, insbesondere im Hinblick auf die in Wirkung befindlichen Werte in einem Unternehmen (oder auch die oft zitierte „Unternehmensethik"), maßgeblich in der Unternehmensführung. Im Kontext dieses Artikels wird die Ethik vor allem als übergeordnetes Bezugssystem gedeutet, das im Austausch mit den anderen Bezugsgrößen steht, allerdings auf einer Art Metaebene.

Ethik ist sowohl Begründung als auch Orientierung für Werte, Moral, Normen und Tugenden, ist aber nicht mit diesen gleichzusetzen. Ethik liegt z. B. in der Beantwortung der Frage „Was ist das Gute?"

TUGEND

Beim Begriff der Tugend bzw. der Tugenden ist im Kontext dieses Artikels vor allem das Konzept der Kardinaltugenden (Klugheit, Tapferkeit, Maß und Gerechtigkeit) relevant, das auf die Antike zurückgeführt werden kann. Abgeleitet vom lateinischen „cardo" für „Türangel", sind die Kardinaltugenden das Stabilität gebende Gerüst, worauf das „richtige" menschliche Verhalten gehängt wird. Zusätzlich zu den Kardinaltugenden mit ihren Untertugenden gibt es sekundäre Tugenden, die sich aus den jeweils im Kulturkreis wirkenden Wertvorstellungen erschließen, wie z. B. die „deutsche Pünktlichkeit". Die Tugenden stehen in einem reziproken Verhältnis zu einer darüber liegenden Ordnung. Diese Ordnung

„DIE TUGENDEN SIND FÜR DIE HEUTIGE UND ZUKÜNFTIGE UNTERNEHMENSFÜHRUNG AM BESTEN GEEIGNET. SIE SIND GUT DURCHDACHT UND ANWENDBAR."

ist z. B. bei Aristoteles „das Gute" bzw. das, was wir im Allgemeinen meinen, wenn wir von „Ethik" sprechen. In der Bewertung der Tugenden kommt dieser Ordnung eine maßgebliche Bedeutung zu.

Bezogen auf die Volkswirtschaft entsprächen die Tugenden den ordnungspolitischen Rahmenbedingungen. Sie bilden zivilisatorisch stabilisierende Maßnahmen, stellen allerdings keine Notwendigkeiten dar. Das heißt, Tugenden erfordern formative, soziale Prozesse und ein Bewusstsein darüber, dass und wie sie existieren. Auch resultiert aus der Befolgung der Tugenden nicht notwendigerweise eine Orientierung an der darüber liegenden Ordnung seitens des Individuums. Ein Mitarbeiter etwa, der stets pünktlich ist und damit in gewissem Sinne tugendhaft handelt, muss nicht notwendigerweise im Sinne des Unternehmens agieren. Dass dieser also pünktlich ist, sagt weder etwas darüber aus, ob er seine Arbeit erfüllt noch darüber, wie er das tut. Es muss an dieser Stelle eine weitere, andere Bemessungsgrundlage eingezogen werden. Das „Gute" ist die Voraussetzung dafür, dass die Tugenden wirken. Das „Gute" kann man pragmatisch festlegen, z. B. ist der „gute" Arzt jener, der sich am Wohle des Patienten orientiert. Somit würde eine „gute" Ärzteschaft nicht von der „Chronifizierung" und der Krankheit der Menschen leben, sondern vom Grade der Gesundheit.

Im Kontext eines Unternehmens bzw. der Führung eines Unternehmens sind Tugenden nützlich, da sie als eine feste Orientierungsgröße stehen können. Unternehmensführung und Mitarbeiter können sich gleichermaßen daran orientieren „wofür das Unternehmen steht" und auch nur so selbstverantwortlich und erfolgreich handeln. Da Kompetenzen, ihrer Definition nach, als Orientierung Werte und Normen berücksichtigen, ist ein Kompetenzmanagement ohne Tugenden in Unternehmen nicht wirksam. Es wäre nicht zielführend, sich zur Beurteilung immer direkt auf die Ethik zu berufen, da-

„DIE TUGENDEN SIND DIE SÄULEN, AUF DENEN EINE EFFIZIENTE UNTERNEHMENSFÜHRUNG BASIERT."

her werden untergeordnete Ebenen eingezogen, die viel eher handlungsorientiert sind (eben z. B. Tugend, Normen, Moral). Diese eingezogenen Ebenen können viele unterschiedliche Formen annehmen (religiöse Gebote, Verhaltensregeln, Gesetze etc.).

Aus der Perspektive der Unternehmensführung gilt es, das „Gute" zu definieren. Pragmatisch ist damit bereits viel getan und eine solide Grundlage zur Handlungsorientierung gegeben. Wenn darüber hinausgehende Fragestellungen und Themen auftauchen, kann reflektorisch auf die Ethik rekurriert werden, um zu einer Lösung zu gelangen. Hierzu werden die Tugenden mit den aktuellen Führungsgleichen Instrumenten verbunden und angewendet. Dies bedarf eines Grundlagentrainings und der anschließenden, gelebten Anwendung.

MORAL

Die begriffliche Grenzziehung zwischen „Moral" und „Ethik" ist im allgemeinen Sprachgebrauch nicht besonders konsequent. Im Kontext der Unternehmensführung reicht es zu wissen, dass die Ethik auf einer übergeordneten Ebene steht. Die Moral ist im Gegensatz dazu eher einem bestimmten Zeitgeist verschrieben und auf der individuellen Ebene angesiedelt. Auch wenn es je individuell gültige moralische Gebote gibt (z. B. „Ich frage meine Kollegen nicht was sie verdienen"), so ist diesen wesentlich, dass sie keinen normativen Charakter haben. Wer also „an die Moral appelliert", beruft sich auf eine individuelle Disposition. Diese korrespondiert möglicherweise mit allgemeinen Normen und gruppenbezogenen oder persönlichen Werten, die die jeweiligen Gruppen für sich häufig wie Gesetze behandeln. Diese Zuordnung als Gesetz ist aber nicht notwendigerweise zulässig.[10]

Jemand, der sich einer Moral verpflichtet fühlt und dementsprechend handelt, muss nicht notwendigerweise ethisch handeln. So kann etwa ein Verbrecher im Sinne seiner Organisation nach deren Moral, tatsächlich aber ethisch verwerflich handeln (also z. B. ein „fleißiger Auftragskiller" sein).

NORMEN

Normen sind Handlungsgebote, denen ein verpflichtender Charakter zugeschrieben wird. Diese Zuschreibung kann aus unterschiedlichen Instanzen heraus erfolgen. Wir kennen etwa Gesetze (z. B. Strafgesetz), die durch Staaten oder überstaatliche Vereinigungen beschlossen und durchgesetzt werden. Allerdings zählen auch gesellschaftliche Konventionen zu den Normen, wie etwa bestimmte Verhaltensregeln (z. B. „Regeln der Höflichkeit"). Außerdem können wir gegenüber uns selbst individuell („Ich treibe jeden Tag Sport") oder kollektiv („unser Geschäft öffnet täglich um 8:00") Normen festlegen, deren Verpflichtungscharakter alleine auf unse-

10 Ein schönes Beispiel dazu, wie lose der Begriff Moral verwendet wird, bietet der §138 BGB, der viel zitierte „Schweinehundparagraph".

ren eigenen Erwartungshaltungen und Vorstellungen fundiert. Normen können sowohl aus Werten („Erfolg ist für mich das Wichtigste"), Tugenden („Man soll gerecht sein") oder Moralvorstellungen („Meine Tochter soll keine kurzen Röcke tragen") abgeleitet werden. Entscheidend ist dabei, dass ihnen in der Regel die Rolle einer Konvention zukommt, sie somit also hinterfragbar und abänderbar sind und einem Wandel mit dem Zeitgeist unterliegen können.

Das alles, was uns hier zur Verfügung steht, wird uns für sich alleine nichts nützen. Unsere individuellen und sozialen Bedürfnisse, unsere Emotionen, unsere Wünsche danach, innerhalb der Gesellschaft etwas zu sein, eine Funktion einzunehmen – all das wirkt mehr oder weniger bewusst in uns. Als Menschen brauchen wir für uns eine Ausrichtung (also eine Ethik) und eine Art Bearbeitungshilfe, die uns dabei hilft, unsere Ziele zu erreichen und das nicht auf Kosten der anderen. Ob die Leitlinien aus den Religionen (z. B. aus der katholischen Soziallehre), aus den Tugenden, aus der goldenen Regel oder wo auch immer herkommen, ist dabei nicht entscheidend. Als Prinzip im Hinblick auf die Zielsetzung ist die Eudaimonie (die „Glückseligkeit", aber auch das „Gedeihen und Gelingen") seit der antiken Philosophie ein immer wiederkehrendes Bild, das durchaus plausibel erscheint. Es scheint uns Menschen ein tiefliegender Wunsch nach Erfüllung und Ausgeglichenheit eingeschrieben zu sein. Auf der sozialen Ebene äußert sich dies durch das universelle, intuitive Verständnis dafür, dass prosoziales Verhalten „gut" im Sinne von ethisch richtig ist. Als Beleg dafür können die unterschiedlichen Konzepte in der Geistesgeschichte gelten, wie etwa die „goldene Regel"[11], Kants kategorischer Imperativ[12], das Pareto-Optimum[13] oder auch Adam Smith mit seiner „Theorie der ethischen Gefühle"[14].

Nachdem die Begrifflichkeiten jetzt etabliert sind, werden diese im Kontext der Unternehmensführung positioniert. Es wird gezeigt, dass Verhalten auf allen Unternehmensebenen langfristige Erfolge gewährleisten kann, wenn es sich an den Tugenden orientiert.

11 Ein alter, kulturübergreifend zu findender, moralischer Grundsatz. Vgl dazu u. a. Albrecht Dihle: Die Goldene Regel. Eine Einführung in die Geschichte der antiken und frühchristlichen Vulgärethik. Vandenhoeck & Ruprecht, Göttingen 1962.

12 Kant: Grundlegung zur Metaphysik der Sitten. 1785.

13 Nach dem Ökonomen Vilfredo Pareto. Vgl. dazu u. a. Eberhard Feess: Mikroökonomie. Eine spieltheoretisch- und anwendungsorientierte Einführung. Metropolis, Marburg 1997.

14 Adam Smith: Theorie der ethischen Gefühle. 1759. (engl. The Theory of Moral Sentiments).

DIE GRUNDTUGEND DER KLUGHEIT
EIN KURZER EXKURS

Maßvolles, tapferes und gerechtes Verhalten haben keinen Zweck, wenn sie nicht mit der Grundtugend der Klugheit in Einklang stehen. Dabei ist Klugheit nicht im Sinne bloßer Intelligenz oder „Cleverness" zu verstehen, sondern als ein Grundprinzip menschlichen Denkens, dessen Präsenz in der modernen Hirnforschung Bestätigung findet. Bereits bei den Philosophen, von der Antike über Thomas von Aquin bis hin zu Kant, ist die Erkenntnis zu finden, dass der Antrieb etwas zu tun und die Welt zu verändern, nicht bloß aus dem Verstand kommt.

Zu keiner Zeit wurde behauptet, dass die Gefühle keine Rolle spielten; ein Vorwurf, der grundlos sowohl gegenüber der Aufklärung als auch dem Humanismus gemacht wird. Im Christentum spiegelt sich das in den Tugenden „Glaube, Liebe, Hoffnung" wieder, bei Aristoteles findet sich der Gedanke in der „Eudaimonia", der Glückseligkeit. In der Aufklärung findet sich dieser Gedanke in der Einstellung zum Staunen wieder[15]. All diese Emotionen – Zuneigung, Empathie, Zorn etc. – sind präsent und erzeugen Bedürfnisse, können aber nicht aus dem Verstand befriedigt werden. Der Verstand ist nicht in der Lage herauszufinden, was ich (als Mensch, als Verstandswesen etc.) will. Er kann sehr wohl dabei helfen, an den Punkt zu gelangen, an dem es bewusst wird und so seinen Beitrag in der Reflexionsarbeit leisten. Wesentlich ist aber, zu erfassen, wo die Erkenntnisfähigkeit des Verstands aufhört. Nebenbei erwähnt ergibt sich aus dieser Grunderkenntnis eine bestimmte natürliche Grenze dafür, was mittels Verhaltenstherapie oder kognitiver Therapie erreicht werden kann.

In der Geschichte menschlichen Denkens gibt es kaum bis gar keine Vertreter der Ansicht, dass man auf die Emotion gänzlich verzichten sollte. Dennoch hat sich diese Ansicht im Laufe des letzten Jahrhunderts sukzessive als Ideal in den Diskurs eingeschlichen. Diese Position ist tatsächlich aber nicht zielführend. Umgekehrt ist es genauso wenig zielführend in die andere Richtung zu gehen und z. B. die Aufklärung zu kritisieren, weil sie den Verstand einsetzt.

15 Etwa bei Kant wenn dieser sagt „Zwei Dinge erfüllen das Gemüt mit immer neuer und zunehmender Bewunderung und Ehrfurcht, je öfter und anhaltender sich das Nachdenken damit beschäftigt: Der bestirnte Himmel über mir, und das moralische Gesetz in mir." (Vgl. Kant: Kritik der praktischen Vernunft. 1788.)

„DIE EMOTIONEN,
DIE SOZIALEN PROZESSE
UND ALLES
INDIVIDUELLE STREBEN
SIND FÜR
DIE UNTERNEHMENSFÜHRUNG
VON ZUMINDEST
GELEICHER BEDEUTUNG
WIE DAS RATIONALE
IN DER
BETRIEBSWIRSCHAFTLICHEN
AUSRICHTUNG.

BEIDES ZUSAMMEN
ERST
ERGIBT
DEN ERFOLG."

UNTERSCHIED ZWISCHEN ETHIK IN DER UNTERNEHMENS-FÜHRUNG UND WIRTSCHAFTSETHIK

Wie bereits weiter oben dargelegt, liegt im Sinne der Unternehmensführung eine wesentliche Erkenntnis darin, dass das Führungsverhalten durch die Arbeit an sozialen Prozessen die bestehenden Werte und Normen beeinflusst. An der Ethik orientiertes Verhalten ist auf der Ebene der Unternehmensführung in zweifacher Weise entscheidend: Erstens unterliegt das Verhalten der Unternehmensführung an sich einer Verantwortungsstruktur und sollte am ethisch Richtigen orientiert sein. Zweitens beeinflusst das Führungsverhalten die sozialen Prozesse und damit die Werte und Normen, die im Unternehmen als soziales Gebilde und als Teil der Gesellschaft wirken. In offenen Gesellschaften hat jeder

Unternehmer für sich das Recht zu definieren, was Ethik für ihn und sein Unternehmen bedeutet.[16]

Die Übernahme eines „Ethiksystems" funktioniert weder auf institutioneller, noch auf individueller Ebene. Denken Sie etwa an folgende Analogie: Nicht selten ist von Vorstandsebene zu hören, die Mitarbeiter würden z. B. die Leitlinien nicht lesen und somit wichtige Informationen nicht zur Kenntnis nehmen oder falsch aufnehmen. Umgelegt, z. B. auf katholische Vorstandsmitglieder, stellt sich die Frage, wie viele von diesen tatsächlich die letzten päpstlichen Enzykliken gelesen haben. Oder sich mit der Ethiklehre der Kirche beschäftigt haben.

Der Zweck dieser Analogie ist es zu veranschaulichen, dass ein Ausrufen von Werten durch den Kopf einer Institution noch lange nicht bedeutet, dass diese Werte auch von den Mitgliedern gehört, geschweige denn akzeptiert und internalisiert werden. Ein dauerndes Vorlesen oder Repetieren verspricht genauso wenig Erfolg. Genau das wird aber von den Mitarbeitern in einem Unternehmen oftmals verlangt. Damit entsteht eine Erwartungshaltung, die gar nicht erfüllt werden kann und daraus in der Folge Enttäuschung.

Von zentraler Bedeutung ist auch das Menschenbild, das wir unseren Entscheidungen, Vorstellungen und Werten zugrunde legen. Dieses Menschenbild beeinflusst nicht

16 Vgl. zur offenen Gesellschaft: Karl Popper: Die offene Gesellschaft und ihre Feinde. 1945.

zuletzt den Umgang im täglichen Miteinander, und damit auch das Führungsverhalten. Ein Vorgesetzter, der seine Mitarbeiter für nicht vertrauenswürdig hält, wird notwendigerweise früher oder später darin bestätigt. In diesem Sinne ist negative Visualisierung tatsächlich ein Hinderungsgrund für eine neutrale, logische Beurteilung der Sachlage.

> „DIE ORIENTIERUNG
> AN WERTEN UND NORMEN
> ERFOLGT NUR DANN
> IM SINNE
> EINER KOMPETENTEN UND
> VERANTWORTLICHEN
> HANDLUNG,
> WENN DIE NORMEN UND WERTE
> AUCH INTERNALISIERT WURDEN.
> NUR DANN TRAGEN
> SIE ZUM
> UNTERNEHMENSERFOLG BEI."

Wesentliche Fragen im Hinblick auf die Ausformung des Menschenbildes sind: Was ist der Mensch? Was ist richtig im Umgang mit Menschen? Was ist mir wichtig und was ist für mich wertvoll? Was ist gutes, richtiges Handeln?

Wer auf der Ebene der Moral hängengeblieben ist, erhebt seine eigenen Moralvorstellungen zur Norm und wer sein Menschenbild nicht reflektiert hat, erhebt dieses unhinterfragt zur Norm. In diesem Sinne wurde die Ebene der Ethik ausgeblendet und nie hinterfragt, ob die Vorstellungen so überhaupt anwendbar sind.

Im denkbar schlechtesten Fall kommen Marketing-Agenturen in die Unternehmen, hören den Führungskräften zu, fragen nach deren Präferenzen, formulieren das Gehörte um in „Unternehmenswerte", stecken diese in eine Broschüre und eine Kommunikationsstrategie und organisieren schließlich ein „Event" mit dem passenden „Rollout", um das neue Leitbild feierlich zu verkünden. Der Effekt? Desillusionierte Mitarbeiter, die das Unternehmen nicht länger ernst nehmen. Als sekundärer Effekt folgen dann immer weitere Vorträge, Schaubilder und Broschüren, die von der eigentlichen Problemlage nur ablenken.

Bei Thomas von Aquin findet sich folgende Aussage zur Klugheit als Tugend: „Die Klugheit rekurriert ihrerseits auf die übrigen sittlichen Tugenden, die durch Erziehung, persönliche Anstrengung und Übung erworben wurden. Sie bezieht darüber hinaus eigene Erfahrungen und die anderer mit ein. Auf diese Weise ist die ratio recta, die Vernunft, die zu einer richtigen Erkenntnis gekommen ist, kein abstrakt argumentierendes Vermögen, sondern der praktische Verstand selbst, der mit dem Willen und den Tugenden zusammenwirkt. Somit ist sie Ausdruck der freien menschlichen Person."[17]

An dieser Stelle wird auch noch einmal deutlich, dass das, was wir den Humanismus und die Aufklärung nennen, von Thomas von Aquin wiederentdeckt und in die katholische Lehre eingebracht wurde.

Das Verständnis über Ethik lässt sich nicht „erschleichen", also nicht durch Wissenstransfer erlernen. Es muss entwickelt und für sich verarbeitet werden. Dazu ist eine Wissensvermittlungsmaschinerie nicht geeignet, es braucht einen Raum der freien Betätigung, der Reflexion und auch der Übung. Die Rolle des Begleiters bzw. Trainers ist dabei die eines „Katalysators". Er begleitet auf dem Weg über die Selbsterarbeitung zum Selbstbewusstsein und führt zur Verwirklichung der je eigenen erforderlichen Methoden und Mittel. Dies geschieht über die Zusammenführung der Tugenden mit der Praxis der Unternehmensführung. Das Arbeiten mit Emotionen, das Wechselspiel mit den eigenen Trieben, muss am Selbst erlebt werden. Der Begleiter bzw. Trainer setzt in dieser Tätigkeit auf die, bereits seit der Antike bekannten, Methoden der Mäeutik unter Berücksichtigung aktueller wissenschaftlicher Erkenntnisse.

17 Leo J. Elders: Die Ethik des Thomas von Aquin. Weilheim-Bierbronnen: Gustav-Siewerth-Akademie, 2009.

„WER SICH MIT
SEINEM MENSCHENBILD
AUSEINANDERGESETZT
HAT,
KANN IN DER FOLGE
AUCH WEITERE
ETHISCHE FRAGEN
KLÄREN.
UNTERNEHMENSETHIK
WIRD DANN
ERST MÖGLICH.“

Dass die Gesellschaft das Verständnis dafür, dass das bestehende Wissen und die Reflexion darüber wichtig sind und auch adäquat erarbeitet (und nicht bloß nur vermittelt) werden müssen, nicht aufbringt, ist ein Problem. Es gilt die Universitäten darauf zurückzubesinnen, was ihre ursprüngliche Aufgabe war, nämlich einen Begegnungspunkt, einen Raum der Freiheit zu bieten, innerhalb dessen die Studenten einander frei und unabhängig begegnen.

Das System der Empirie eignet sich im Hinblick auf die Fragestellungen der Ethik nicht zum Auffinden von Antworten. Für wissenschaftliche Untersuchungen besteht folgende Problematik: Zwar entsprechen die Studien der wissenschaftlichen Praxis, sind aber unterwandert von Prädispositionen (Klimawandelstudien, Studien der Gewerkschaft bzw. des Arbeitgeberverbands, Studien der Bäckereiinnung zu Weizenmehlprodukten etc.). Bei der Empirie steht immer die Gefahr im Raum, dass sie von Partikularinteressen verfälscht wird. Ethische Fragen lassen sich nicht auf diese Art und Weise wissenschaftlich beantworten.

Die Ethik ist das, worauf ich mich alleine berufe, wenn ich beurteilen will, ob ich etwas tue oder nicht und alle anderen Systeme (Werte, Normen, Tugenden, Moral) keine Orientierung geben können. Welche Fragen sollte ich mir grundsätzlich und vor mir selbst beantworten, bevor ich Verantwortung für tausende Mitarbeiter übernehme und vor allem bevor ich mir Ratschläge zum richtigen Führungsverhalten hole? Wesentlich ist es, die ersten fundamentalen Fragen nicht zu überspringen und zu erwarten, dass es dafür vorgefertigte Antworten gibt. Es gibt sehr wohl Antworten, die andere bereits gefunden haben. Diese Antworten ersetzen aber nicht den je eigenen Prozess, um zu derartigen Antworten zu gelangen. Wir treffen eine Entscheidung darüber, wie wir sind und was wir tun. Es ist nicht so, dass wir empirisch erfassen müssen, was Führungskräfte beschäftigt. Man muss die Situation in concreto bearbeiten.

DAS MENSCHENBILD ALS AUSGANGSPUNKT FÜR DIE UNTERNEHMENSETHIK

Bevor wir überhaupt Fragen zur Unternehmensführung stellen können, steht eine Frage im Raum, die häufig übersehen wird, nämlich „Was ist denn überhaupt ein Mensch?" Diese Frage steht direkt vor uns und birgt eine wesentliche Chance zur Gestaltung des eigenen Führungsverhaltens. Tatsächlich wird die Frage selten überhaupt genutzt.

Jeder, der ein Unternehmen führt, hat notwendigerweise mit Menschen zu tun. Bevor er also überlegt, wie er seine Organisation führt, sollte er sich darüber im Klaren sein, welches Bild er vom Menschen in sich trägt. Diese Grundannahmen, die – mehr oder weniger bewusst – in jedem einzelnen Menschen vorhanden sind, bestimmen tagtäglich unser Handeln.

„WAS IST DER MENSCH? WAS IST RICHTIG IM UMGANG MIT MENSCHEN? WAS IST MIR WICHTIG UND WAS IST FÜR MICH WERTVOLL? WAS IST GUTES, RICHTIGES HANDELN?"

Allen theoretischen und praktischen Ansätzen zur Führung liegt implizit ein Menschenbild zugrunde. Wer die Frage nach dem Menschenbild für sich geklärt hat, kann wesentlich besser einschätzen, ob bestimmte Aussagen, Modelle, Theorien oder Vorgehensweisen für ihn selbst in Frage kommen. Die Beschäftigung mit dem eigenen Menschenbild ist eine anspruchsvolle Aufgabe und nicht einfach zu lösen. Dies liegt zum einen daran, dass die Konfrontation mit dem eigenen Menschenbild und den damit verbundenen Emotionen bei vielen Menschen auf Widerstände stößt. Die Widerstände, die sich gegen die Erkundung der eigenen inneren Struktur verteidigen, treten bei der Arbeit am Menschenbild stets zutage. Es werden der Person die eigenen inneren Verarbeitungsprozesse, Reaktionen und Verarbeitungsmuster erkennbar gemacht. Dabei ist die Betrachtung der Art der Verarbeitungsprozesse und auch der Widerstände eine geeignete Handlungsdiagnostik.

Über dieses Verfahren wird nicht nur das Menschenbild erkannt und entwickelt, sondern es wird auch ein viel tiefergehendes handlungsdiagnostisches Bild möglich, als dies über gängige psychologisch-diagnostische Verfahren der Fall wäre. Dies wird durch Selbsterkenntnis und Einsicht in das eigene Selbst erreicht. Durch die Reflexion des eigenen Selbstkonzepts erarbeiten sich die Führungskräfte in diesem Prozess ihr eigenes Persönlichkeitsprofil. Dies geschieht dabei ohne auf die, der Pathologie abgerungenen, Einschätzungen und Kategorien der gängigen Psychodiagnostik zurückgreifen zu müssen.

So entsteht nicht nur vor den eigenen Augen, aus dem Inneren heraus, das eigene Menschenbild. Durch das Durchlaufen der einzelnen Prozessschritte kommen die Führungskräfte außerdem zu der Einsicht, was die Konfrontation mit dem Menschenbild bewirkt. In der Folge gilt es dann, das herausgearbeitete Menschenbild im Kontext aktueller wissenschaftlicher Erkenntnisse zu überprüfen. Dieses Wissen wird dann in Bezug zu den spezifischen Fragen der Führung fruchtbar gemacht.

Den ethischen Fragestellungen sollten sich die Führungskräfte selbst stellen, um entsprechend werten zu können. Langfristig sind Unternehmen erfolgreicher, wenn sie sich diesen Fragen bewusst stellen und sich den Raum dafür einräumen. Dies führt nicht nur zur

Entwicklung eines tatsächlichen Wertemanagements im Sinne einer reflektierten, widerstandsfähigen ethischen Position. Es bewirkt außerdem, dass über einen höheren Grad von Bewusstsein

- eine Stärkung des Selbstbewusstseins,
- eine Steigerung der Identifikation mit der eigenen Aufgabe sowie
- eine Kopplung an das Menschliche und das Fundamentale im Menschsein erzeugt wird.

Somit kann auch entstehen, was Unternehmen dringend brauchen, nämlich Kreativität und Motivation. Unternehmensethik ist auch ein wesentlicher Baustein für die Entwicklung von Selbstverantwortung und Selbstorganisation. Beides Aspekte, die dazu führen, was man unter dem Begriff „Kompetenzmanagement" subsumieren kann. Ohne die Frage nach dem Menschenbild aktiv und im Hinblick auf die Ethik zu bearbeiten, bleibt Unternehmensführung träge, fahl und getrieben.

„GEHEN SIE BEHUTSAM
MIT SICH UM,
WENN SIE SICH
DEN ENTSCHEIDENDEN
FRAGEN DER
UNTERNEHMENSETHIK
NÄHERN.
DIE „ENTDECKUNGSREISE“,
DIE AN IHRE
EIGENEN ETHISCHEN
GRUNDANNAHMEN
GEHT, SOLLTE
KONSEQUENT UND
GLEICHZEITIG
BEHUTSAM GEPLANT
UND DURCHGEFÜHRT
WERDEN.“

WIDER DEN GEHOBENEN ZEIGEFINGER

KONSEQUENTE ANWENDUNG STATT WERTEEXPORT

Verantwortungsträger in der Unternehmensführung stehen vor der Herausforderung, die Werte im Unternehmen nicht nur zu hinterfragen, sondern gleichzeitig auch zu vertreten und zu vermitteln. Insbesondere bei der Vermittlung wird nicht selten auf Mittel, die sich aus der strukturellen Autorität heraus ergeben, zurückgegriffen. Dies sind jene Momente, in denen nicht selten von der „moralischen Keule“ oder dem „gehobenen Zeigefinger“ gesprochen wird, wo also Werte über die institutionelle Ordnung weitergegeben werden.

Diese Art der Übertragung, so sollte aus den vorhergehenden Seiten hervorgegangen sein, funktioniert in einem Unternehmen nicht und kann tatsächlich auch nachhaltige Schäden hervorrufen. Werte können nicht

„LASSEN SIE
MENSCHEN
FÜR SICH ARBEITEN.
LASSEN SIE NICHT
MENSCHEN
FÜR SICH FÜHREN
ODER
DIE EIGENEN
WESENTLICHEN
FRAGEN BEARBEITEN.
DELEGIEREN SIE NIE
ETWAS,
DAS FÜR SIE SELBST
STEUERND WIRD
UND
IN IHRE
FÜHRUNG EINGREIFT.“

über Import- bzw. Exportmodalitäten vermittelt werden, sondern sind individuell zu entwickeln. Ein Unternehmen, dessen Werte und ethische Prinzipien wohl reflektiert, nachvollziehbar und durch alle Ebenen hindurch akzeptiert sind, ist von sich aus bereits stabiler, resilienter, wandlungsfähiger und damit auch erfolgreicher.

Die Ausbildung und Formation von Werten, Tugenden und Moral hat konsequent und in einem iterativen Prozess zu erfolgen. Das bloße Vorgeben eines Katalogs an Normen funktioniert nicht. Wie weiter vorne gezeigt wurde, sind gerade die Tugenden und Werte etwas, das konstante Übung, Reflexion, Affirmation und Re-Evaluierung erfordert. Nur wenn einem solchen Übungsprozess ausreichend Raum gegeben wird, kann die Übertragung einer Unternehmensethik auf die Mitarbeiter und Stakeholder tatsächlich funktionieren.

Was zunächst vielleicht nach einem zusätzlichen Aufwand klingen mag, verkürzt jedoch dauerhaft den Zeit- und Personalaufwand, der mit der Integration neuer Mitarbeiter und der Akzeptanz von Veränderungsprozessen einhergeht. Ist die Ubung und Ausbildung von Werten im Unternehmen als ständig präsenter Prozess integriert, muss das Wertesystem auch nicht neu bestätigt oder neue Mitarbeiter darin unterrichtet werden:

Denn zwischen der Unternehmensethik und dem betriebswirtschaftlichen Handeln besteht kein Widerspruch.

FAZIT

Der Ausgangspunkt für den vorliegenden Artikel liegt in dem inflationären Gebrauch von Begriffen wie „Unternehmensethik", „Wertemanagement" oder „Unternehmenskultur", durch den im Laufe der Jahre ein schwammiges, nicht ausdifferenziertes Begriffsbild erwachsen ist. Dieses Begriffsbild verursacht in Unternehmen eine greifbare Verunsicherung in Hinblick darauf, was darunter zu verstehen ist. Diese Verunsicherung äußert sich zum einen entweder darin, dass Unternehmer auf unausgegorene Beratungsangebote zurückgreifen, um eine solche „Unternehmensethik" extern ausarbeiten zu lassen, oder meinen, diese selbst ausrufen zu können, ohne davor einen notwendigen Reflexionsprozess zu schalten. Beide Varianten können ein Unternehmen nachhaltig beschädigen, wie bereits im vorliegenden Text dargelegt.

Die richtige, geschulte Entwicklung eines Bewusstseins über die eigenen Werte, Tugenden, Moralvorstellungen, Normen und deren Verhältnis zur Ethik ist eine Notwendigkeit, nicht nur auf der persönlich-individuellen Ebene, sondern auch auf gesellschaftlicher und kollektiver Ebene im Unternehmen. Eine Unternehmensethik ist, begrifflich gesprochen, die oberste Bezugsebene für die Bewertung des Handelns innerhalb eines Unternehmens und gegenüber seinen anderen Stakeholdern.

Wie im Artikel gezeigt, liegt vor allem in der Bearbeitung der Tugenden, der Werte, der Moral und der Normen enormes Potenzial für die Verwirklichung von Zielen, sowohl auf der persönlichen Ebene (also Führungskräfte und Mitarbeiter) als auch auf der Unternehmensebene. Wie jedes andere Verhalten oder Handeln auch, erfordern gerade die Tugenden konsequente Übung, um richtig angewendet werden zu können. Fragen, wie jene nach dem richtigen Handeln, nach der individuellen Ausrichtung oder nach der gesellschaftlichen Zielsetzung, müssen immer wieder reflektiert und neu verortet werden. Daraus darf sich allerdings kein ungesteuerter Relativismus entwickeln, ein solcher wäre nicht nur fehlgeleitet, sondern auch fatal für das Unternehmen und die involvierten Protagonisten.

Nicht zuletzt meine Erfahrung hat eines verdeutlicht: Wer sich den ethischen Fragestellungen richtig, wohl angeleitet und reflektiert nähert, kommt in der Folge auch nicht zu einem derartigen Relativismus, sondern entwickelt ein wohl ausdifferenziertes Verständnis von

Werten, Moralvorstellungen und letztlich Ethik, dessen Basis ein gesundes, reflektiertes Menschenbild formt.

Unternehmen und Führungskräfte, die sich diese Zeit und den vermeintlichen „Luxus" einer ordentlichen Entwicklung ihres Menschenbildes, ihrer Unternehmenskultur und ihres Wertemanagements nicht erlauben, bereuen dies über kurz oder lang. Tatsächlich folgt die „Strafe" aber auf dem Fuße. Nicht selten liegt der Grund des Scheiterns für ein Unternehmen in einem fehlgeleiteten Management der Unternehmenskultur und einem pathologischen Menschenbild im Fundament. Und fast genauso oft ist als Urheber dieser Problematik eine völlig unausgegorene Beratertätigkeit zu finden, bei der „gut gemeint" praktisch immer das exakte Gegenteil von „gut" darstellt.

„UNTERNEHMENSETHIK
WIRD NUR
ZUM ERFOLG BEITRAGEN,
WENN SIE
DIREKT MIT DER
UNTERNEHMENSFÜHRUNG
MESSBAR VERZAHNT IST."

ÜBER DEN AUTOR

ROBERT KASPER ist seit 1981 als Unternehmensberater tätig und hat dabei wesentliche Beiträge zur Weiterentwicklung anwendungsorientierter wissenschaftlicher Erkenntnisse im Bereich moderner Unternehmensführung geleistet. Er entwickelte praxisorientierte Verfahren und Methoden. In seiner Arbeit vereint er die betriebswirtschaftlichen Aspekte der Unternehmensführung mit der Psychologie der menschlichen Zusammenarbeit. Damit erreicht er einen Zugang, der sich klar von der Arbeitsweise anderer Beratungsunternehmen abgrenzt, indem er diese Dualität anerkennt, wertschätzt und verbindet. Als weiteren Bestandteil integriert er die Ethik der Unternehmensführung und hat hierzu ein besonderes Verfahren entwickelt. In der Bearbeitung dieser drei wesentlichen Aspekte liegt der zentrale Schlüssel zur Stärkung von Unternehmen.

Robert Kasper studierte Wirtschaftswissenschaften, Personalentwicklung und Unternehmensführung in Deutschland, Psychologie in England, General Management in den USA und Psychotherapie in Österreich. Außerdem absolvierte er eine Ausbildung zum Psychodramaleiter und Psychodramatherapeut und betreibt eine Privatpraxis für Psychotherapie.

Mit seiner Beratungstätigkeit richtet er sich an Unternehmensführungen und Unternehmen. Diese unterstützt er bei der Zusammenführung verschiedener Unternehmenskulturen, beim Aufbau stabiler Führungsstrukturen, bei der Führung von Mitarbeitern und Vorstandsgremien sowie beim Veränderungs-, Projekt- und Kompetenzmanagement. Dabei kommen Formate wie Trainings, Workshops, Prozessberatung und Einzelberatung (Coaching) zum Einsatz.

Zentral in der Arbeit sind die Fragestellungen: Was wollen wir erreichen? Wie kommen wir dahin? Und wie erreichen wir gemeinsame Ziele in bestmöglicher Kooperation? In seiner Arbeit ist Robert Kasper direkt, einfühlsam, freundschaftlich, zugewandt und konsequent. Dabei geht ihm seine freundliche Gelassenheit hilfreich zur Hand.